BEI GRIN MACHT SICH IHR
WISSEN BEZAHLT

AF167133

- Wir veröffentlichen Ihre Hausarbeit,
  Bachelor- und Masterarbeit

- Ihr eigenes eBook und Buch -
  weltweit in allen wichtigen Shops

- Verdienen Sie an jedem Verkauf

Jetzt bei www.GRIN.com hochladen
und kostenlos publizieren

Bibliografische Information der Deutschen Nationalbibliothek:

Die Deutsche Bibliothek verzeichnet diese Publikation in der Deutschen National-bibliografie; detaillierte bibliografische Daten sind im Internet über http://dnb.d-nb.de/ abrufbar.

Dieses Werk sowie alle darin enthaltenen einzelnen Beiträge und Abbildungen sind urheberrechtlich geschützt. Jede Verwertung, die nicht ausdrücklich vom Urheberrechtsschutz zugelassen ist, bedarf der vorherigen Zustimmung des Verla-ges. Das gilt insbesondere für Vervielfältigungen, Bearbeitungen, Übersetzungen, Mikroverfilmungen, Auswertungen durch Datenbanken und für die Einspeicherung und Verarbeitung in elektronische Systeme. Alle Rechte, auch die des auszugsweisen Nachdrucks, der fotomechanischen Wiedergabe (einschließlich Mikrokopie) sowie der Auswertung durch Datenbanken oder ähnliche Einrichtungen, vorbehalten.

Impressum:

Copyright © 2016 GRIN Verlag
Druck und Bindung: Books on Demand GmbH, Norderstedt Germany
ISBN: 9783346119155

Dieses Buch bei GRIN:

https://www.grin.com/document/514909

Anonym

Die Geschichte der Differentialrechnung

GRIN Verlag

GRIN - Your knowledge has value

Der GRIN Verlag publiziert seit 1998 wissenschaftliche Arbeiten von Studenten,
Hochschullehrern und anderen Akademikern als eBook und gedrucktes Buch. Die
Verlagswebsite www.grin.com ist die ideale Plattform zur Veröffentlichung von
Hausarbeiten, Abschlussarbeiten, wissenschaftlichen Aufsätzen, Dissertationen
und Fachbüchern.

Besuchen Sie uns im Internet:

http://www.grin.com/

http://www.facebook.com/grincom

http://www.twitter.com/grin_com

Seminararbeit

Leitfach Mathematik

Rahmenthema: Unendlichkeit

Die Geschichte der Differentialrechnung

Inhaltsverzeichnis

A. Vorwort

Im Rahmen des Mathematikunterrichts in der Oberstufe wird jeder Schüler mit dem Bereich der Differentialrechnung konfrontiert. Im Unterricht der 11. Klasse war dieser Lernstoff für mich ein sehr spannender Teil, da dieses Thema in den vorangegangenen Klassenstufen noch kein Unterrichtsthema war.

Die Differentialrechnung ist ein Teilgebiet der Mathematik, welches sich mit Berechnungen an Funktionen beschäftigt, insbesondere mit der Untersuchung der Steigung von kurvenförmigen Funktionsgraphen und ihrer Krümmung.

Ihre Wurzeln finden sich im Tangentenproblem, mit dem sich Mathematiker im 17. Jahrhundert schon beschäftigten.

Gottfried Wilhelm Leibniz und Isaak Newton haben die wesentlichen Grundlagen für die heutige Differentialrechnung geschaffen.

Diese Entdeckung führte zu einem Prioritätsstreit, der große Auswirkungen auf ganz Europa hatte.

B. Die Erfindung der Differentialrechnung

I. Mathematische Probleme vor der Erfindung der Differentialrechnung

Bekannt als die Erfinder der Differentialrechnung sind vor allem Leibniz und Newton. Doch das war nicht ohne Vorwissen möglich. Schon in der Antike haben Mathematiker mit Versuchen begonnen, um Probleme im *„Umgang mit Variablen und Grenzwerten [...] zu bewältigen.“*[1]

Es wurde auf Methoden von Archimedes zurückgegriffen. Dieser benutzte die Exhaustionsmethode, bei der er eine unbekannte Fläche mit bekannten Flächen ausfüllte und so auf den Flächeninhalt kam.

Johannes Kepler (1571-1630) verwendete ebenfalls infinitesimale[2] Methoden zur Flächenberechnung. Auch zur Raumberechnung entwickelte er Rechenregeln. Dafür arbeitete er jedoch nicht wie Archimedes mit der Grenzflächenbetrachtung, sondern mit Differentialen, die auch die weitere Entwicklung bis ins 19. Jahrhundert beherrschten.[3]

Die Methoden von Kepler wurden von Bonaventura Cavalieri weiterentwickelt. Dieser führte den Begriff der Indivisiblen (lat. für unteilbar) ein. Nach dieser Indivisiblenmethode berechnete er Flächeninhalt und Volumen verschiedener Flächen und Körper.

Ein weiterer wichtiger Mathematiker war Pierre de Fermat. *„Um 1628/29 fand er eine Methode, in einfachen Fällen Extremwerte zu berechnen.“*[4] Sie diente dazu, Maxima und Minima zu bestimmen. Dieses Verfahren erweiterte er auch auf Bereiche in der Physik.

Zunächst entwickelte er dieses Verfahren nur für ganzrationale Funktionen, jedoch legte er es später in voller Allgemeinheit dar[5].

Fermat erarbeitete aus dieser Methode heraus *„ein Verfahren um die Kurventangenten zu konstruieren.“*[6] Dafür wolle er eine Strecke so teilen, dass, wenn diese beiden Teile die Seiten eines Rechtecks sind, der maximale Flächeninhalt erreicht wird. Das Produkt der beiden Teilstrecken soll also ein Maximum ergeben. Eine Strecke $\overline{AC}$ mit der Länge b ist gegeben. Eine Teilstrecke davon ist a. Die andere Teilstrecke ist somit $a - b$. Fermat möchte also das Maximum von $ba - a^2$[7] finden.

---

[1] S. Wußing, H.: 6000 Jahre Mathematik, S. 427
[2] infinitesimal: unendlich klein
[3] Vgl. Kaiser, H.; Nöbauer, W.: Geschichte der Mathematik, S. 45
[4] S. Wußing, H.: 6000 Jahre Mathematik, S. 448
[5] Vgl. Ebd., S.448
[6] S. Ebd., S.449
[7] Die Teilstrecken werden multipliziert: $a(b - a) = ba - a^2$

Wenn die erste Strecke aber $a + e$ ist, dann ist die zweite $b - a - e$. Das Produkt der Strecken ist $ba - a^2 + be - 2ae - e^2$. Diese beiden Produkte müssen annähernd gleich sein.

So gelang Fermat zu der Gleichung: $be \approx 2ae + e^2$. Er „ 'macht [...] die Gleichung richtig'"[8]. Dafür dividierte er auf beiden Seiten durch e und setzt e dann Null. Für b ergibt das dann $b = 2a$, also $a = \frac{b}{2}$. So muss jede Seite des Rechtecks die Seitenlänge a haben, sodass ein Quadrat entsteht.

Diese Methode ist sehr allgemein, aber nicht weit von der Form der heutigen Methode entfernt. Nur eine genaue Begründung ist noch nicht gegeben. Später wurde die Methode von Fermat noch weiterentwickelt.

II. Newton als Erfinder der Differentialrechnung

1. Biographie

Isaac Newton wurde 1643 auf einem Landgut in der Grafschaf Lincolnshire geboren. Statt den väterlichen Gutshof zu übernehmen, durfte er sich ab 1661 einem Studium der Mathematik auf der Universität Cambridge widmen. Dort hatte er hervorragende Lehrer, wie Isaac Barrow, die sein Talent für die Mathematik förderten. Barrow und Newton arbeiteten viel zusammen und lernten auch voneinander. Newton begann etwa ab 1665 selbst mit produktiven Tätigkeiten.

Die Pest trieb ihn jedoch wieder in seine Heimat zurück. Dort gelangen ihm einige große Entdeckungen. Er entdeckte 1665- 1667 die Binominalformel und entwickelte die Fluxionsrechnung zur Quadratur der Kurven. In dieser Zeit beschäftigte er sich ebenfalls mit der Gravitation. Newton scheute die Öffentlichkeit. Deshalb publizierte er anfangs keine seiner Entdeckungen, obwohl er einiges schriftlich festhielt. Sein Lehrer Barrow sorgte jedoch dafür, dass Newtons Skript, das dieser ihm gab, veröffentlicht wurde.

Als Newton viele Jahre später selbst einige Entdeckungen bekannt geben wollte, versuchte er eine einfache Sprache zu verwenden, um sich verständlicher auszudrücken.

Bei der Entwicklung der Differentialrechnung waren die Entdeckungen von Barrow für ihn von großer Bedeutung.

Newton wurde später von der Royal Society aufgenommen, von der er 1703 Vorsitzender wurde. Jedes Jahr wurde er wiedergewählt. 1705 wurde er von der Königin in den Ritterstand erhoben.

Er starb 1727 in London.

---

[8] S. Kaiser, H.; Nöbauer, W.: Geschichte der Mathematik, S. 226

2. Newtons Vorgehensweise bei der Problemlösung

Newton war nicht nur ein hervorragender Physiker, sondern brachte auch die Mathematik wesentlich voran.

Newtons Fluxionsrechnung wurde vor allem in der Zeit der Pestepidemie, während der er in der ländlichen Region in Ruhe arbeiten konnte, wesentlich geprägt.

Dadurch, dass er bei Barrow Mathematik gelernt und mit ihm zusammengearbeitet hat, nachdem dieser sich auch schon mit diesem Verfahren der Differentialrechnung beschäftigt hatte, war es für Newton einfach, an schon existierende Informationen für die Differentialrechnung heranzukommen. Diese Informationen konnte er für seine Überlegungen verwenden und dadurch mit einigem Vorwissen an die Arbeit gehen.

Die Überlegung, die ihn voranbrachte, war die Erkenntnis, dass das Integrationsproblem (Quadraturproblem) die Umkehrung der Differentiation (Fluxionsbildung) ist.[9]

3. Verfahren nach Newton

In der Theorie geht Newton von *„mechanisch-physikalischen Grundvorstellungen"*[10] aus. Er sagt, dass sich alle Körper in einem objektiv existierenden Raum befinden.

Die Größen in diesem Raum hängen von der objektiven Zeit ab und heißen Fluenten. Die Geschwindigkeiten dieser Größen sind die Fluxionen oder Wachstumsgeschwindigkeiten (diese entsprechen der heutigen ersten Ableitung). Eine weitere wichtige Größe ist das Moment einer Größe. Dies ist eine ganz kleine Größe. Newton bezeichnet sie mit o. Das Moment der Zeit ist demnach o, das Moment der Fluente x ist xo und das Moment der Fluxion $\dot{x}$ ist $\dot{x}$o.[11]

Das erste Problem Newtons war, dass *„[w]enn eine Gleichung gegeben ist, die irgend eine Anzahl Fluenten enthält, die Fluxionen zu finden."*[12]

Newton sagte, dass er a, b, c, usw. für bestimmte Größen benutzt und x, y, z usw. für Fluenten.

Wenn jetzt eine Gleichung lautet:

$$x^3 - xy^2 + a^2z - b^3 = 0$$

muss man erst die Glieder *„mit den Exponenten von x multiplizieren und [...] bei den einzelnen Multiplikationen für einen Faktor der Potenz, also für ein x in erster Dimension, $\dot{x}$"*[13], schreiben.

---

[9] Vgl. Wußing, H.: 6000 Jahre Mathematik, S. 461
[10] S. Ebd., S. 459
[11] Vgl. Ebd., S. 459
[12] S. Kowalewski, G.: Über die Analysis des Unendlichen, S. 92
[13] S. Ebd., S. 92

Das Ergebnis für x ist also:

$$3\dot{x}x^2 - \dot{x}y^2$$

Dasselbe wird nun mit y gemacht:

$$-2xy\dot{y}$$

Dies muss auch noch mit z geschehen:

$$a^2\dot{z}$$

Wenn diese Ergebnisse dann in eine Gleichung zusammengesetzt werden und diese gleich Null gesetzt wird, erhält man:

$$3\dot{x}x^2 - \dot{x}y^2 - 2xy\dot{y} + a^2\dot{z} = 0$$

Diese ganze Rechnung beweist Newton auch.

In diesem Beweis benutzt er o als ganz kleine Größe. Die Fluenten x, y, z sollen jetzt um $o\dot{x}$, $o\dot{y}$, $o\dot{z}$ erweitert werden, sodass $x + o\dot{x}$, $y + o\dot{y}$, und $z + o\dot{z}$ entstehen und in die erste Gleichung ($x^3 - xy^2 + a^2z - b^3 = 0$) eingesetzt werden:

$$(x + o\dot{x})^3 - (xy^2 + oxy^2 + (y + o\dot{y})^2) + (a^2z + a^2o\dot{z}) - b^3 = 0$$

$$x^3 + 3x^2o\dot{x} + 3xo^2\dot{x}^2 + o\dot{x}^3 - xy^2 - o\dot{x}y^2 - 2oxy\dot{y} - 2o^2yx\dot{y} - o^2x\dot{y}^2 - o^3\,\dot{x}\dot{y}^2 + a^2z$$
$$+ a^2o\dot{z} - b^3 = 0$$

Nun lassen wir o unendlich klein werden und die „*verschwindenden Glieder*"[14] vernachlässigen. Dann erhalten wir:

$$3\dot{x}x^2 - \dot{x}y^2 - 2xy\dot{y} + a^2\dot{z} = 0$$

Diese Formel entspricht wieder jener, die Newton durch seine Behauptungen entdeckt hatte. Damit beweist er seine Behauptung, dass „*durch diese Gleichung die Beziehung zwischen den Fluxionen definiert wird.*"[15]

Diese Rechnung auf heute übertragen, käme der ersten Ableitung gleich.

Newton bildete jedoch mit anderen Beispielen auch noch die zweite und dritte Ableitung, indem er bei der zweiten Ableitung $\dot{x}$ durch $\dot{x} + o\ddot{x}$ ersetzte und bei der dritten Ableitung x durch $\ddot{x} + o\ddot{x}$ ersetzte.

---

[14] S. Ebd., S. 93
[15] S. Ebd., S. 93

Bei dem oberen Beispiel wäre das Ergebnis dann

für die zweite Ableitung:

$$3\ddot{x}x^2 + 6\dot{x}^2 - \ddot{y}y^2 - 2\dot{x}\dot{y} - 2xy\ddot{y} - 2x\dot{y}\dot{y} - 2x\dot{y}\dot{y} + a^2\ddot{z}$$

für die dritte Ableitung:

$$3\ddot{x}x^2 + 6\ddot{x}\dot{x} + 12\ddot{x} - \ddot{y}y^2 - 4\ddot{x}\dot{y} - 2\dot{x}\ddot{y} - 2\dot{x}y\ddot{y} - 2xy\ddot{y} - 2\ddot{y}\dot{y} - 4\dot{x}\dot{y}^2 - 2\dot{x}y\dot{y}$$
$$- 4x\ddot{y} + a^2\ddot{z} = 0$$

Nachdem Newton das erste Problem gelöst hatte, folgte das zweite Problem. Er wollte Kurven finden, die sich quadrieren lassen.

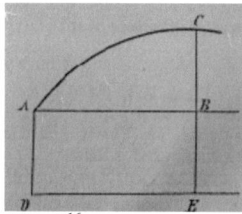

Abb. 1[16]

Die Figur ABC in Abb. 1 ist die gesuchte Figur. CB wird bis E verlängert, sodass BE = 1. ABED bildet das vollständige Rechteck.

Die Behauptung Newtons ist, dass sich *„die Fluxionen der Flächen ABC, ABED verhalten wie BC und BE"*[17] Wenn man nun eine beliebige Gleichung nimmt, durch die die Beziehung zwischen Flächen definiert ist, dann wird sich eine Beziehung zwischen BC und BE durch die Berechnungen aus Problem 1 ergeben.[18]

Im Folgenden schrieb Newton sieben verschiedene Theoreme (Leitsätze).

Sein drittes Problem war *„die einfachsten Figuren zu finden, mit denen sich eine beliebige Kurve [...] geometrisch vergleichen lässt"*[19] Hier untersuchte Newton verschiedene Fälle.

Diese Probleme müssen in der richtigen Reihenfolge behandelt werden, weil sie aufeinander aufbauen.

---

[16] S. Ebd., S. 95
[17] S. Ebd., S. 95
[18] Vgl. Ebd., S. 96
[19] S. Ebd., S. 113

8

Abschließend muss gesagt werden, dass Newton einen wesentlichen Bestandteil der Differentialrechnung beigetragen hat.

III. Leibniz als Erfinder der Differentialrechnung

1. Biographie

Gottfried Wilhelm Leibniz wurde am 01. Juli 1646 in Leipzig geboren. 1661 ging er auf die Universität, um Rechtswissenschaften zu studieren. Schon zu dieser Zeit interessierte er sich aber auch für die Mathematik. Jedoch war es schwer, in den deutschen Universitäten auf mathematische Literatur zugreifen zu können.

Als Student lernte Leibniz auch in Jena. Erhard Weigel führte ihn dort auf den Weg der Mathematik. In Jena fand Leibniz auch den Zugriff auf Elementarmathematik.

Wichtig war für ihn die Begegnung mit Baron von Boineburg. Dieser *„ermöglichte ihm den Eintritt in die diplomatische Laufbahn"*[20] und schickte ihn nach Mainz.

Als er durch Boineburg auch nach Paris kam, durfte er dort Huygens Werk über die Pendeluhr studieren. Doch verstand er nichts, denn er hatte keine guten mathematischen Kenntnisse, wie er dort selbst feststellte. Deshalb begann er viele mathematische Schriften zu studieren.

Sein weiterer Weg führte Leibniz nach London, wo er weitere Mathematiker kennenlernen und sein Wissen, vor allem über unendliche Reihen, erweitern konnte.

Zurück in Paris setzte er seine Studien unter der Leitung Huygens fort und begann damit, eigene Entdeckungen zu machen. Unter anderem hatte er große Erfolge im Gebiet der Differential- und Integralrechnung.

Seine Überlegungen zur Differentialrechnung veröffentlichte er dann 1675, nachdem er 1673 ein Buch von Barrow[21] gekauft hatte, in dem er seine eigenen ursprünglichen Ideen bestätigt fand und das ihm Vorschläge zur Weiterentwicklung gab.

Leibniz starb am 14. November 1716 in Hannover.

2. Herangehensweise von Leibniz

Leibniz blieb der Zugriff auf die Mathematik lange verwehrt. Durch Begegnungen mit Mathematikern und deren Werken kam er jedoch schnell auf die Methoden der Differentialrechnung. Die Zusammenarbeit mit Huygen und Barrows Buch über Methoden zu Berechnungen waren für ihn gute Ansätze zur Entwicklung seiner Differentialrechnung.

---

[20] S. Ebd., S. 72
[21] Barrow war auch Newtons Lehrer

Für Leibniz stand bei der Entwicklung seiner Rechnung das Tangentenproblem im Vordergrund. Er bezeichnete das Problem daher auch als umgekehrtes Tangentenproblem, denn die Integralrechnung ist die Umkehrung der Differentialrechnung und diese war schon bekannt.

3. Methode von Leibniz

Die Differentialrechnung von Leibniz unterscheidet sich nicht sehr von der heutigen. Lediglich die Schreibweise weicht von unserer heutigen Form ab. Leibniz schrieb dx für die erste Ableitung von x und demnach auch ddx für die zweite Ableitung.

Leibniz stellt zu Beginn viele Rechenregeln auf, die wir auch heute noch benutzen.

Seine erste Regel ist zum Beispiel: „*Wenn a eine gegebene konstante Größe ist, so wird da gleich 0 und d(ax) gleich adx.*"[22]

Das lässt sich so erklären: Die Funktion ist $d(ax)$ [$a \cdot x$].Wenn nun die Produktregel[23] angewendet wird, kommt $adx + xda$ heraus. Da da aber gleich Null wird, weil es ein konstantes Glied ist und durch die Ableitung wegfällt, fällt auch der komplette 2. Summand weg. Somit ist das Endergebnis adx.

Diese Regel ist auch als Leibniz´sche Regel bekannt.

Leibniz sagt, dass Δx und Δy unendlich klein sind. Er schreibt dafür statt Δx ein dx und statt Δy ein dy, um das unendlich Kleine zu verdeutlichen.

Leibniz zeichnete eine Funktion und konstruierte eine Tangente im Punkt x_0. Er behauptet, dass:

$$dy: dx = y: t$$

Durch t und y wird ein Steigungsdreieck gebildet, wie in Abb. 4 auch zu sehen ist. Wenn er die Werte dieser beiden Strecken weiß, kann er den Tangens ausrechnen, und somit die Differentiale erster Stufe (erste Ableitung).

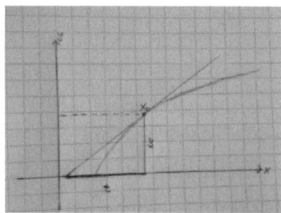

Abb. 2 [24]

---

[22] S. Kowalewski, G.: Über die Analysis des Unendlichen, S. 3
[23] Produktregel heute: $h(x) \cdot g(x) = h'(x) \cdot g(x) + h(x) \cdot g'(x)$
[24] Eigene Skizze

Wenn seine Behauptung stimmt, was durch Leibniz nicht bewiesen wurde, dann konnte er durch diese Methode auch die Differentiale zweiter Stufe berechnen.

Er musste jedoch Recht haben. Leibniz hatte mit den Differentialen zweiter Stufe die Wendepunkte ausgerechnet, indem er schaute wann die Funktion Null wird. Heute wird die zweite Ableitung auch zur Bestimmung der Wendepunkte benutzt, indem die zweite Ableitung Null gesetzt wird.

IV. Prioritätsstreit zwischen Newton und Leibniz

Der erste Teil des Prioritätsstreits beschäftigte sich mit der Frage, wessen Ansatz Priorität hat.

Im Laufe des Streites kam die Frage auf, ob Leibniz von Newton abgeschrieben hat.

Newton erfand seine Differentialrechnung 1665/66, während Leibniz seine erst im Herbst 1675 fertig stellte. Jedoch publizierte Leibniz seine Methode schon 1684, während Newton seine Erkenntnisse erst 1687 veröffentlichte.

Dies war jedoch nicht der Anfang des Streits.

Um zu verstehen, wie es zu dem Prioritätsstreit kam, muss auch die Zeit vor der Erfindung der Differentialrechnung betrachtet werden.

Leibniz hatte große Schwierigkeiten, an mathematische Schriften zu kommen, während Newton schon früh Zugriff auf gute Mathematik hatte.

Leibniz reiste 1673 das erste Mal von Paris nach London, um dort seine Rechenmaschine vorzustellen. Doch diese Vorstellung auf der folgenden Sitzung der Royal Society war ein großer Misserfolg, wie man dem Brief an Oldenburg nach seiner Rückkehr nach Paris entnehmen kann.

Neben dieser misslungenen Vorführung seiner Rechenmaschine ereignete sich ein weiterer Zwischenfall. Als Leibniz mit John Pell, einem damals sehr bekannten Mathematiker, zusammentraf, wurde seine mathematische Unwissenheit bekannt.

Nach seinem Besuch in London prägten sich seine mathematischen Fähigkeiten weiter aus und er bekam erste Ideen für sein Differentialkalkül[25].

In dieser Zeit schrieben Leibniz und Newton auch die ersten Briefe.

Den ersten Brief schrieb Newton 1676 an Leibniz. In diesem Brief teilte Newton unter anderem seine mathematischen Erkenntnisse zu seiner allgemeinen binomischen Formel und unendlichen Reihen mit. Er meinte mit Hilfe der unendlichen Reihen alle mathematischen Probleme lösen zu können. Jedoch erwähnte er nichts von der Fluxionsmethode.

---

[25] Kalkül: Überlegung

Leibniz antwortete, dass er zu gleichen Ergebnissen gekommen sei, aber einen anderen Ansatz gewählt hatte. Zudem gab er noch seine arithmetische Quadratur des Kreises preis.

Des Weiteren bat er noch um weitere Aufklärung der Erkenntnisse Newtons. Zum Beispiel wollte er mehr über den Ursprung des binomischen Satzes erfahren.

Er erwähnte auch, dass Newtons Optimismus, alle Probleme lösen zu können, falsch sei. Es gäbe noch viele andere Probleme. In diesem Zusammenhang erwähnte er auch das umgekehrte Tangentenproblem.

Ende September 1676 reiste Leibniz noch einmal nach London. Er durfte dort Einsicht in verschiedene Werke nehmen, unter anderem auch in De Analysi von Newton. Aus diesem Werk notierte er sich einige mathematischen Erkenntnisse. *„Den infinitesimalen Dingen schenkte er keine Beachtung.“*[26]

Newtons zweiter Brief, der erst fast ein Jahr später bei Leibniz eintraf, enthielt drei verschiedene Verfahren zur Aufstellung von Reihen und das Verfahren der Fluxionsrechnung. Letzteres schrieb Newton jedoch verschlüsselt in einem Anagramm.

Leibniz schrieb Newton daraufhin ein Brief, in dem er das Verfahren seines Differentialkalküls beschrieb und erwähnte, dass seine Methode wahrscheinlich kaum Abweichungen zu Newtons Methode hatte.

Newton antwortete aber nicht mehr auf den Brief, da er vermutete, dass Leibniz ihn zu der Fluxionsrechnung ausfragen wollte.

Nach den Veröffentlichungen 1683 und 1687 schrieben sich Leibniz und Newton weiter Briefe, in denen sie sich über verschiedene Probleme unterhielten.

Da Leibniz in seinen Veröffentlichungen Newton mit keinem Wort erwähnte, wurde Leibniz von Newton des Plagiats beschuldigt.

Diese Anschuldigung beschäftigte in den folgenden Jahren auch die Mitstreiter von Newton und Leibniz.

1710 kam dieser Streit vor die Royal Society, die ebenfalls Leibniz beschuldigten.

Leibniz argumentierte dagegen, indem er behauptete, dass er nichts von Newtons Fluxionsrechnung gehört haben konnte, bevor er sein Differentialkalkül veröffentlichte. Seine Ergebnisse teilte er in den Briefen an Newton mit, jedoch verriet Newton nie direkt etwas über seine Ergebnisse.

Es gab eine Untersuchungskommission, die sich jedoch nicht parteiisch entschied, weil wahrscheinlich Newton im Hintergrund mitwirkte.

---

[26] S. Kowalewski, G.: Über die Analysis des Unendlichen, S. 179

Der Streit ging auch nach dem Tod von Leibniz 1716 weiter. Newton kämpfte weiter, um als Erfinder anerkannt zu werden.

In der Wissenschaft erlangte der Prioritätsstreit große Bedeutung. Ganz Europa, vor allem England, machten diese Auseinandersetzungen zu schaffen. England hielt lange an Newtons Überlegungen fest, wodurch sie in der technischen Entwicklung zurückblieben.

Heute ist man sich einig, dass beide Mathematiker die Entdeckung unabhängig voneinander entwickelt haben. Sie gelten beide als Erfinder der Differentialrechnung und große Mathematiker.

C. Schlusswort

Nachdem Leibniz und Newton für große Fortschritte in der Mathematik sorgten, wurde die Differentialrechnung aber noch weiterentwickelt.

Im 18. Jahrhundert wurden die *„ infinitesimalen Methoden, die volle Herausbildung des Funktionsbegriffes und die höheren Gefilde der Analysis, wie z.B. die Theorie der Differentialgleichungen und die Variationsrechnung, dies alles begleitet von ideologischen und methodologischen Auseinandersetzungen um das Wesen des sog. Unendlich-Kleinen "*[27] ausgebaut.

Die Differentialrechnung ist für die Menschen über die Jahrhunderte immer wichtig geblieben und ist heute ein wesentlicher Bestandteil der Analysis. Ohne die Differentialrechnung könnten wir sonst nicht die Steigung von Funktionen bestimmen. Die Technische Revolution hätte es auch nicht gegeben. So hätten wir heute auch keine Autos oder keine anderen technischen Geräte.

Zum Glück gab und gibt es Mathematiker, die die Rätsel der Mathematik lösen und die Menschen damit begeistern können.

---

[27] Wußing, H.: 6000 Jahre Mathematik, S. 452

Literaturverzeichnis:

Bücher:

1) Kaiser, Hans; Nöbauer, Wilfried.: Geschichte der Mathematik. 3. Auflage. München 2002.

2) Kowalewski, Gerhard (Hrsg.): Über die Analysis des Unendlichen/Abhandlung über die Quadratur der Kurven. Frankfurt a. M. 2007.

3) Kowalewski, Gerhard: Zur Analysis des Endlichen und des Unendlichen. München 1950.

4) Mankiewicz, Richard: Zeitreise Mathematik. Köln 2000.

5) Wußing, Hans: 6000 Jahre Mathematik. Heidelberg 2008.

Internetadressen:

6) 'http://archiv.ub.uni-heidelberg.de/volltextserver/19848/ ', zuletzt aufgerufen am 02.11.16

7) 'http://www2.math.uni-wuppertal.de/~scholz/preprints/Leibniz.pdf ', aufgerufen am 02.11.16

8) 'http://www.kk.s.bw.schule.de/mathge/newton.htm', aufgerufen am 01.11.16

9) 'http://www.nichtstandard.de/leibniz.html', aufgerufen am 02.11.16

10) 'http://www.nlb-hannover.de/Leibniz/Leibnizarchiv/Leben_und_Werk/prioritaet.html', aufgerufen am 02.11.2016

11) 'http://media-stream-pmd.rbb-online.de/content/25371381-b1f4-4a2b-a0eb-f235a2e59d47_ceb1c4c1-8d9b-4dbe-9847-5f4c881f0ead.mp3', vom 13.02.16 aufgerufen am 05.11.16

12) 'http://www.ksasz.ch/images/PDF-Dokumente/Maturaarbeiten/2011/4f/4f_nikolic_dusan.pdf', aufgerufen am 02.11.16

13) 'https://www.f07.th-koeln.de/imperia/md/content/personen/bold_christoph/leibniz.pdf', aufgerufen am 02.11.16

14) 'https://upload.wikimedia.org/wikipedia/commons/9/9f/Sir_Isaac_Newton_1702.jpg', aufgerufen am 06.11.16

15) 'https://upload.wikimedia.org/wikipedia/commons/6/6a/Gottfried_Wilhelm_von_Leibniz.jpg', aufgerufen am 06.11.16